# BEI GRIN MACHT SICH IHR WISSEN BEZAHLT

- Wir veröffentlichen Ihre Hausarbeit, Bachelor- und Masterarbeit

- Ihr eigenes eBook und Buch - weltweit in allen wichtigen Shops

- Verdienen Sie an jedem Verkauf

Jetzt bei www.GRIN.com hochladen und kostenlos publizieren

Markus Leuschner

# Fachpraktikumsbericht Mathematik mit zwei Unterrichtsstunden an einer Realschule

## Fläche und Umfang vom Drachen und von Rechtecken und Quadraten

GRIN Verlag

**Bibliografische Information der Deutschen Nationalbibliothek:**

Die Deutsche Bibliothek verzeichnet diese Publikation in der Deutschen Nationalbibliografie; detaillierte bibliografische Daten sind im Internet über http://dnb.d-nb.de/ abrufbar.

Dieses Werk sowie alle darin enthaltenen einzelnen Beiträge und Abbildungen sind urheberrechtlich geschützt. Jede Verwertung, die nicht ausdrücklich vom Urheberrechtsschutz zugelassen ist, bedarf der vorherigen Zustimmung des Verlages. Das gilt insbesondere für Vervielfältigungen, Bearbeitungen, Übersetzungen, Mikroverfilmungen, Auswertungen durch Datenbanken und für die Einspeicherung und Verarbeitung in elektronische Systeme. Alle Rechte, auch die des auszugsweisen Nachdrucks, der fotomechanischen Wiedergabe (einschließlich Mikrokopie) sowie der Auswertung durch Datenbanken oder ähnliche Einrichtungen, vorbehalten.

**Impressum:**

Copyright © 2010 GRIN Verlag GmbH
Druck und Bindung: Books on Demand GmbH, Norderstedt Germany
ISBN: 978-3-656-15863-9

**Dieses Buch bei GRIN:**

http://www.grin.com/de/e-book/190868/fachpraktikumsbericht-mathematik-mit-zwei-unterrichtsstunden-an-einer-realschule

**GRIN - Your knowledge has value**

Der GRIN Verlag publiziert seit 1998 wissenschaftliche Arbeiten von Studenten, Hochschullehrern und anderen Akademikern als eBook und gedrucktes Buch. Die Verlagswebsite www.grin.com ist die ideale Plattform zur Veröffentlichung von Hausarbeiten, Abschlussarbeiten, wissenschaftlichen Aufsätzen, Dissertationen und Fachbüchern.

**Besuchen Sie uns im Internet:**

http://www.grin.com/

http://www.facebook.com/grincom

http://www.twitter.com/grin_com

Universität Hildesheim

Fachpraktikumsschule: Realschule XXX

Bericht zum

Fachpraktikum Mathematik

im WiSe 2009/2010

von Markus Leuschner

Abgabetermin: 31. März 2010

Mentor: Frau XXX
Tutorin: Frau XXX

# Inhaltsverzeichnis

1 **Ausführliche Unterrichtsvorbereitung** ..... 3
   1.1 Situation der Klasse ..... 3
   1.2 Sachanalyse ..... 3
       Drachen ..... 3
   1.3 Didaktische Analyse ..... 4
   1.4 Methodische Analyse ..... 6
   1.5 Geplanter Unterrichtsverlauf ..... 7
       Verlaufsplan ..... 8
   1.6 Tafelbild ..... 11
   1.7 Arbeitsblätter ..... 11

2 **Reflexion** ..... 12

3 **Kurzvorbereitung der Unterrichtsstunde** ..... 14
   3.1 Sachanalyse ..... 14
       Rechteck ..... 14
       Quadrat ..... 14
   3.2 Geplanter Unterrichtsverlauf ..... 15
       Verlaufsplan ..... 16
   3.3 Tafelbild ..... 18
   3.4 Arbeitsblätter ..... 18

4 **Reflexion** ..... 18

5 **Gesamtreflexion zum Fachpraktikum** ..... 19

6 **Ausarbeitung Schwerpunktthema: Medieneinsatz im Mathematikunterricht** ..... 20
   6.1 Theorie ..... 20
   6.2 Praxis ..... 22

7 **Literaturverzeichnis** ..... 26
   7.1 Buch ..... 26
   7.2 Zeitschriftenartikel ..... 26
   7.3 Quellen aus dem Internet ..... 26

# 1 Ausführliche Unterrichtsvorbereitung

## 1.1 Situation der Klasse

Die Klasse 8b der Realschule XXX setzt sich aus 14 Schülerinnen und zwölf Schülern* zusammen. Seit einigen Jahren wird jeder neuen Klasse dieser Schule ein Profil zugeteilt. Die 8b wird in diesem Zusammenhang als Sportklasse bezeichnet. Nahezu alle SuS betreiben Vereinssport, einige tun dies sogar im Leistungsbereich. Nach Aussage der Klassenlehrerin kann sich die Klasse unter anderem dadurch als besonders teamfähig bezeichnen. Ein weiterer Grund für die besondere Fähigkeit zur Zusammenarbeit ist vermutlich auch die Teilnahme am Jugendförderprogramm „Lions Quest", bei dem die sozialen Kompetenzen der SuS gefördert werden.[1] Somit hat sich die früher eher angespannte Klassenatmosphäre zu einem positiven Gesamtbild entwickelt. Vermutlich ist dies auch ein Grund, weshalb die Klasse so viel Freude beim Arbeiten in der Gruppe entwickelt hat.

Leistungsmäßig befinden sich die SuS laut der Lehrerin in Bezug auf den Unterrichtsinhalt im durchschnittlichen Bereich. Es gibt aber durchaus einige SuS, die durch überragende Leistungen positiv auffallen. Neben diesen finden sich jedoch zwei Schüler in der Klasse, welche durch individuelle Lernförderung in Mathematik bzw. Deutsch Unterstützung brauchen.

Es gibt zwei Klassensprecher in der Klasse. Zudem sind zwei Schüler verantwortlich als Streitschlichter für die gesamte Schule. Ihre Aufgabe ist es, im Falle eines Streits oder einer Meinungsverschiedenheit zwischen SuS, bei dem diese sich nicht trauen, eine Lehrperson zu befragen, zu vermitteln und zu helfen.

## 1.2 Sachanalyse

### Drachen

Der Drachen, auch „Drachenviereck"[2] genannt, „ist ein [konvexes] Viereck, das aus zwei gleichschenkligen Dreiecken (*ABC* und *ADC* [...]) mit gemeinsamer Basis (*AC*) zusammengesetzt ist."[3]

Dabei stehen die Diagonalen senkrecht aufeinander. Die eine Achse ist dabei Symmetrieachse, die den Drachen in zwei kongruente Dreiecke zerlegt.[4] Die „andere zerlegt [...] [ihn] in zwei gleichschenklige Dreiecke"[5].

Beide Achsen zusammen zerlegen den Drachen in vier rechtwinklige Dreiecke. Daraus ergeben

---

\* Im folgenden durch SuS abgekürzt.
1  vgl. http://www.lions-quest.de/
2  Athen, H./Bruhn, J. (Hrsg.) (1980), S. 203
3  Athen, H./Bruhn, J. (Hrsg.) (1980), S. 203
4  vgl. Gellert, W. u.a. (Hrsg.) (1972), S. 188
5  Gellert, W. u.a. (Hrsg.) (1972), S. 188

sich folgende Eigenschaften. „Der Drachen besitzt

a) zwei Paar gleiche Nachbarseiten ([…] [a, c]),
b) ein Paar gleiche Gegenwinkel ([…] [α]),
c) zwei senkrechte Diagonalen ($e \perp f$), von denen eine (e) halbiert wird."[6]

Daraus erfolgt die Flächeninhaltsformel $A = \frac{1}{2} e \cdot f$.[7] Sie lässt sich durch das Zerlegen des Drachens in vier rechtwinklige Dreiecke herleiten, welche wiederum zu einem Rechteck mit den Maßen $\frac{1}{2} e$ und $f$ zusammengesetzt werden.

Die Formel für den Umfang lautet $U = 2(a+c)$.[8]

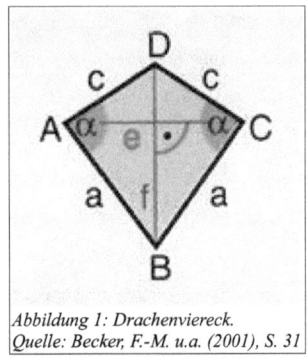

Abbildung 1: Drachenviereck.
Quelle: Becker, F.-M. u.a. (2001), S. 31

## 1.3 Didaktische Analyse

Das Grundwissen zu geometrischen Figuren gehört zur Allgemeinbildung und ist daher unverzichtbar. Täglich setzen wir uns mit diesen Formen auseinander, häufig geschieht dies unbewusst. Dennoch sollte sich jeder darüber bewusst sein, dass beispielsweise ein Fenster oder eine Tür (in der Regel) eine rechteckige Form hat, der Esstisch oval geformt sein kann oder die Sitzfläche eines Hockers kreisförmig ist.

Den SuS sind bereits das Rechteck und Quadrat, (ansatzweise) das rechtwinklige Dreieck sowie das Parallelogramm bekannt. Zu diesen Formen können sie sowohl den Umfang als auch die Fläche berechnen. Des Weiteren ist den SuS bewusst, dass es neben diesen noch andere geometrische Figuren gibt. Sie greifen in dieser Unterrichtsstunde also auf vorhandenes Wissen zurück.[9]

Die SuS können ihr Wissen zu diesem Thema im alltäglichen Leben anwenden, beispielsweise wenn sie wissen möchten, welche Größe ein Teppich haben darf, damit er noch in ein Zimmer passt.

---

6  Athen, H./Bruhn, J. (Hrsg.) (1980), S. 203f.
7  vgl. Gellert, W. u.a. (Hrsg.) (1972), S. 193
8  vgl. Becker, F.-M. u.a. (2001), S. 31
9  vgl. Niedersächsisches Kultusministerium (2006), S. 5

Auch im sportiven Training stellt es sich als hilfreich heraus, wenn der Trainierende weiß, welche Strecke er beim Umrunden beispielsweise eines Fußballfeldes zurückgelegt hat. In vielen handwerklichen Berufen stellt sich das Wissen über geometrische Formen ebenfalls als notwendig heraus. Somit erhält dieses Thema eine hohe Gewichtung für die Zukunftsbedeutung.

Beispielhaft zur Herleitung der Flächenformel des Drachens wird dieser zunächst in den SuS bereits bekannte geometrische Formen (Rechtecke und rechtwinklige Dreiecke) zerlegt, deren Flächen die SuS schon berechnen können. Da die SuS in früheren Unterrichtsstunden erlernt haben, die Flächen von Rechtecken und rechtwinkligen Dreiecken zu berechnen*, können sie dieses Wissen nun anwenden, um am Ende der Stunde möglichst eigenständig die Flächenformel des Drachens herzuleiten. Diese Vorgehensweise können die SuS zukünftig auch auf andere, noch unbekannte Formen anwenden.

Die Zugänglichkeit zu dem Thema ist dadurch gegeben, dass die meisten SuS den Drachen bereits durch das Windspielzeug kennen gelernt haben. Somit besitzen sie bereits Vorwissen zur Form, haben jedoch noch nicht die Möglichkeit, die Fläche zu berechnen.

Um den SuS die bildhafte Vorstellung eines Drachens zu erleichtern, wird zu Beginn der Stunde ein Drachen an die Tafel gehängt. Anschließend errechnen die SuS eigenständig die Fläche eines Drachen, was als inhaltsbezogener Kompetenzbereich unter das Kapitel „Größen und Messen" des Kerncurriculums fällt[10], indem sie diesen in Dreiecke (und diese wiederum in Rechtecke) zerlegen. Hierbei erfahren die SuS, dass sich zur Berechnung der Flächen mehrere Möglichkeiten darbieten.

Die Gruppenarbeit wird eingeleitet, indem die SuS das Bild eines Drachen und ein Blatt mit dem Text „4 rechtwinklige Dreiecke" beziehungsweise „2 Rechtecke" (s. Kap. 1.7) bekommen. Die SuS sollen somit durch eigene Gedanken darauf kommen, aus welchen geometrischen Figuren der Drachen aufgebaut ist und „Lösungsmöglichkeiten kreativ erproben"[11]. Laut Kerncurriculum befindet sich diese Aufgabe in dem Aufgabentyp III, in dem es um „begriffliche Problemlöse- und Modellierungsaufgaben"[12] geht, da „ein Zusammenhang zwischen bereits erworbenen Kompetenzen hergestellt [...] [und] durch die Schülerinnen und Schüler selbst erkannt"[13] wird. Es soll ihnen dadurch leichter fallen, am Ende der Stunde die Flächenformel herzuleiten. Sie erkennen dadurch, dass der Drachen aus vier Dreiecken besteht, die zusammengesetzt ein großes Rechteck bilden. Da sie die Flächenformel für das Rechteck schon kennen, hilft ihnen dies, die Formel für den Drachen zu erar-

---

\* Die SuS sind ebenfalls in der Lage, die Fläche eines Parallelogramms zu berechnen. Dieses Vorwissen ist aber nicht notwendig zur Herleitung der Flächenformel des Drachens.
10 vgl. Niedersächsisches Kultusministerium (2006), S. 28
11 ebd., S. 5
12 ebd., S. 10
13 ebd.

beiten.

In der/den folgenden Stunde/n wird zunächst vertiefend auf den Drachen eingegangen. Hierbei werden zwei besondere Formen des Drachens erarbeitet: die Raute und der Deltoid. Anschließend lernen die SuS das allgemeine Dreieck und das Trapez kennen.

## 1.4 Methodische Analyse

Zu Beginn der Stunde findet eine kurze Wiederholung der Flächenformeln zum Rechteck und rechtwinkligen Dreieck statt. Das Wissen zu diesen Formeln gehört heutzutage zur Allgemeinbildung und sollte daher jedem SuS bewusst sein. Des Weiteren sind diese Formeln Voraussetzung zum Lösen der folgenden Aufgaben im Unterrichtsgeschehen. Eine kurze Wiederholung stellt sich daher als sinnvoll heraus.

Da es den SuS dieser Klasse gefällt, in Gruppen zu arbeiten, habe ich für diese Unterrichtsstunde unter anderem eben diese schülerorientierte Arbeitsform gewählt. Denkbar wäre auch, die Fläche des Drachens in Einzelarbeit zu berechnen. Ich denke allerdings, dass die SuS dann weniger motiviert wären. Durch die Gruppenarbeit können sie sich zudem gegenseitig unterstützen und ergänzen. Außerdem könnte mögliche Ratlosigkeit in Bezug auf die Aufgabe ausgeglichen werden, da sie gegenseitig ihr Vorwissen aktivieren.

Während der Gruppenarbeit nutzen die SuS Scheren, um den Drachen anwendungsbezogen in rechtwinklige Dreiecke zu zerlegen. Diese Formen sind ihnen bereits bekannt, sodass auf diesem Weg die Fläche des Drachens berechnet werden kann. Zur Anschaulichkeit der Zerlegung des Drachens werden die Dreiecke auf ein Papier geklebt. Zum einen wird jedes Dreieck einzeln aufgeklebt und die Fläche berechnet, zum anderen zusammengesetzt zu zwei Rechtecken. Dadurch erfahren die SuS, dass es häufig mehrere Möglichkeiten zur Flächenberechnung gibt. Außerdem leiten die Rechtecke auf die allgemeine Flächenformel des Drachens hin.

Um das Wissen der Zerlegung zu sichern, stellen die Gruppen anschließend ihre Ergebnisse vor. Dadurch können sich die Mitschüler/innen zudem selbst kontrollieren, indem sie überprüfen, ob die eigene Gruppe zum selben Ergebnis gekommen ist wie die präsentierende Gruppe. Zunächst präsentieren die SuS ihren Lösungsweg bezüglich der vier Dreiecke, anschließend zu den beiden Rechtecken. Somit befinden sie sich auf dem Weg zur Herleitung der Flächenformel des Drachens, welche letztlich durch das Aneinanderlegen der beiden Rechtecke begründet wird.

## 1.5 Geplanter Unterrichtsverlauf

**Fach:** Mathematik
**Klasse:** 8b (12 Jungen, 14 Mädchen)
**Datum/Zeit:** 01.12.2009    09:45 – 10:30

**Thema der Unterrichtseinheit:** Geometrie – Flächen und Umfang in der zweidimensionalen Ebene
**Thema der Unterrichtsstunde:** Fläche und Umfang vom Drachen

**Hauptintention der Stunde**
Die SuS sollen die Formel zur Berechnung der Fläche des Drachens herleiten und anwenden können.

| Kompetenzbereich | Kompetenzbereich | Kernkompetenz<br>zu sichernde und aufzubauende Kompetenzen | Erwartungen<br>Lerngelegenheiten<br>(wird aufgebaut durch) |
|---|---|---|---|
| **Prozessbezogener Kompetenzbereich** | Problem-lösen | • setzen Problemlösestrategien ein | • nutzen externe Informationsquellen<br>• nutzen systematische Probierverfahren |
| | Kommuni-zieren | • vollziehen mathematische Argumentationen anderer nach, bewerten sie und diskutieren sachgerecht | • übernehmen Rollen in der Gruppenarbeit zur effektiven Lösung mathematischer Probleme |
| **Inhaltsbezogener Kompetenzbereich** | Größen und Messen | • schätzen und messen | • bestimmen zur Berechnung notwendige Längen zeichnerisch |
| | Raum und Form | • identifizieren und strukturieren ebene und räumliche Figuren aus der Umwelt | • zerlegen bzw. ergänzen zusammengesetzte ebene Figuren (geometrische Grundformen) |

## Verlaufsplan

| Zeit | Phasen | Lehrer-Schüler-Aktivitäten | Sozialformen/ Methoden | Medien |
|---|---|---|---|---|
| 09:45 | Wiederholung | An der Tafel ist auf das mittlere Tafelstück an der linken Hälfte ein Rechteck, an der rechten Hälfte ein rechtwinkliges Dreieck gezeichnet.* Abwarten, ob SuS sich melden. Falls sich keiner meldet, fragt L: „Was könnte ihr mir zu den Formen sagen?" Von den sich meldenden SuS soll jeweils einer für das Rechteck, ein anderer für das Dreieck eben diese Formen benennen, beschriften und die Flächenformel aufschreiben. | Klassenunterricht | • Tafel<br>• rechtwinkl. Dreieck<br>• Rechteck |
| 09:50 | Einführung | L: „Mit welchen geometrischen Formen haben wir uns noch beschäftigt?"<br>S: „Quadrat, (Rechteck, rechtwinkliges Dreieck, zusammengesetzte Formen) und Parallelogramm."<br>L: „Ihr werdet jetzt noch eine weitere Form kennen lernen. Wenn ihr an die Jahreszeit denkt, die wir jetzt haben: welche Form könnte das sein?"<br>S: „Drachen." Falls keine Antwort kommen sollte: fragen, welche Jahreszeit wir jetzt haben (Herbst), wie das Wetter zu dieser Zeit häufig ist (windig), was man mit dem Wind machen kann (Drachen steigen lassen).<br>L: „Genau. Ich habe hier mal einen mitgebracht."<br>L klebt Drachen an das rechte Tafelstück.*<br>L: „Wie würdet ihr den beschriften?"<br>SuS geben Vorschläge zum Beschriften der Punkte, Seiten und Diagonalen. L weist darauf hin, dass e zwischen A und C (wie Fruchtsaftgetränk ACE), f zwischen B und D liegt.<br>An der Tafel ist nun der beschriftete Drachen.<br>L: „Ich erkläre euch jetzt die Aufgabe und ihr setzt euch dann wieder in den selben Gruppen zusammen, in denen ihr letzte Woche auch wart.<br>Jede Gruppe erhält gleich ein Blatt, auf dem ein Drachen gezeichnet ist. Dazu erhaltet ihr einen Hinweis. Dieser Hinweis ist aber sehr knapp gehalten und vielleicht nicht sofort verständlich. Denkt ein bisschen darüber nach. Eure Aufgabe wird es sein, mithilfe dieses Hinweises die Fläche des Drachen zu bestimmen.<br>Benutzt zur Bearbeitung der Aufgabe eure Schere und zerschneidet den Drachen. | Klassenunterricht | • Tafel<br>• Drachen<br>• Tesafilm<br>• Arbeitsblatt mit Drachen<br>• weißes Blatt<br>• Fruchtsaftgetränk ACE |

| Zeit | Phase | Verlauf | Sozialform | Medien |
|---|---|---|---|---|
| 10:00 | Erarbeitung 1 | Die einzelnen Teile könnt ihr dann auf ein leeres Blatt kleben. Wenn eine Gruppe fertig ist, meldet ihr euch. Am Ende werden die Ergebnisse, wie ihr auf den Flächeninhalt gekommen seid, den anderen Gruppen vorgestellt. Soweit alles klar? Ihr habt 15 Minuten Zeit. Los geht's." SuS bearbeiten in Gruppen die Aufgabe. | Gruppenarbeit | • Arbeitsblätter<br>• weiße Blätter<br>• Scheren<br>• Kleber<br>• Folien, Folienstifte |
| 10:10 | | L: „Ihr habt jetzt noch 5 Minuten." Je zwei Gruppen pro „Hinweis", die bereits fertig sind, erhalten eine Folie und Folienstift mit dem Auftrag, eine Präsentation am OHP vorzubereiten. | | |
| 10:15 | Ergebnissicherung | L: „Auch, wenn ihr noch nicht ganz fertig seid: legt bitte alle Arbeitsmaterialien jetzt aus euren Händen und richtet eure Blicke nach vorn. Gruppe X, zeigt uns mal bitte am OHP, zu welchem Ergebnis ihr gekommen seid." Gruppe X präsentiert ihre Ergebnisse zuerst zu „4 rechtwinklige Dreiecken", anschließend Gruppe Y zu „2 Rechtecken". | Schülervortrag | • Overheadprojektor<br>• Folien mit zerlegtem Drachen |
| 10:25 | Erarbeitung 2 | L: „Denkt jetzt nochmal an die Aufgabe mit den „2 Rechtecken". Wie könnte man daraus denn ein großes Rechteck machen?" Erwartete Schülerantwort: „Beide Rechtecke aneinander legen, sodass ein langes Rechteck entsteht." L legt entsprechend der Schülerantwort die Dreiecke des Drachens auf den OHP. L: „Und wie war die Formel für die Fläche eines Rechtecks?" S: „$A = a \cdot b$." L: „Bei dem Drachen können wir nun ja nicht a und b nehmen, diese Bezeichnungen sind ja schon für zwei Außenseiten des Drachens vergeben. Welche Seiten würden dem aber a und b vom Rechteck entsprechen?" Erwartete Schülerantwort: „Die Hälfte von e und f." L: „Wie also lautet die Formel zur Berechnung der Fläche eines Drachens?" S: „$A = \frac{1}{2} e \cdot f$." L schreibt die Formel an die Tafel unterhalb des Drachens. | Klassenunterricht | • Tafel<br>• Overheadprojektor<br>• Folie<br>• zerlegter Drachen |

| 10:29 | Ergebnis-sicherung | L: „Schreibt diese Formel bitte noch in euer Heft. Hausaufgabe ist in eurem Mathebuch Seite 96, Nummer 1 und 2."<br>L schreibt „HA: Mathebuch, S. 96, Nr. 1, 2" an die linke Tafelseite.* | | • Schülerarbeitsheft<br>• Tafel |
|---|---|---|---|---|

---

* s. Kap. 1.6

## *1.6 Tafelbild*

| | | |
|---|---|---|
| <u>HA:</u><br>Mathebuch, S. 96,<br>Nr. 1, 2 | Rechteck<br> <br><br>$A = a \cdot b$<br><br>rechtwinkliges Dreieck<br> <br><br>$A = \frac{1}{2} a \cdot b$ | Drachen<br> <br><br>$A = \frac{1}{2} e \cdot f$ |

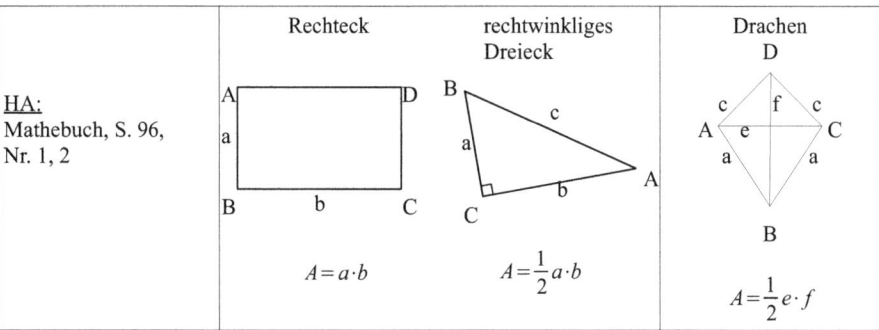

## *1.7 Arbeitsblätter*

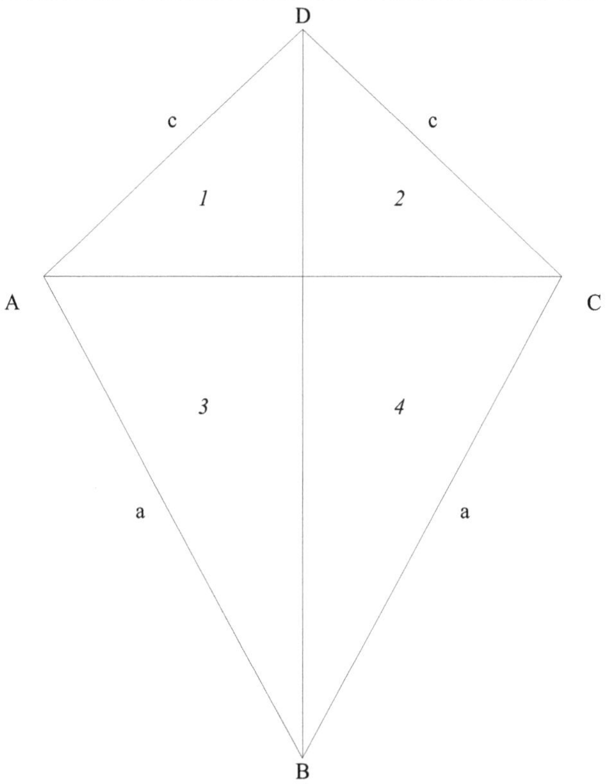

**Aufgabe**
Berechne die Fläche des Drachens

**Hinweis**
4 rechtwinklige Dreiecke

**Aufgabe**
Berechne die Fläche des Drachens

**Hinweis**
2 Rechtecke

## 2 Reflexion

Leider bin ich mit dieser Unterrichtsstunde nicht so zufrieden, wie mit der vorigen (03.11.09, vgl. Kap. 3), wofür vor allem wohl die Schlussphase der Grund ist. Im Großen und Ganzen gefielen mir die (ungefähr) ersten 35 Minuten des Stundenverlaufs. Es verlief größtenteils alles so, wie ich es in der Vorbereitung geplant hatte. Während der letzten zehn Minuten jedoch übernahm ich als Lehrperson zu sehr die Initiative, gab den SuS nahezu alles vor und ließ ihnen kaum Möglichkeiten, von selbst auf die Formelherleitung des Drachens zu kommen. Meines Erachtens sind diese zehn Minuten das größte Manko dieser Unterrichtsstunde, vor allem, da sich diese am Ende der 45-minütigen Stunde befanden und somit alle (zumindest aber die meisten) SuS, mich eingeschlossen, mit einem leicht negativen Gefühl den Klassenraum verließen. Im Nachhinein denke ich, dass ich besser hätte versuchen müssen, Fragen zu stellen, die die SuS zu eigenem Denken angeleitet hätten.

Des Weiteren fanden sich aber noch mehr negative Fälle wieder. Diese sind jedoch nicht so schwerwiegend wie der oben beschriebene. So kam es, dass ich zu Beginn der Stunde die SuS durchaus motivieren konnte, bei der Wiederholung (Benennung von Rechteck, rechtwinkligem Dreieck und den dazugehörigen Beschriftungen) mitzuarbeiten, was an sich positiv zu bewerten ist. Allerdings wollten die SuS häufig etwas an die Tafel schreiben, was zwar durchaus korrekt war (wie die Formel für den Umfang), nicht aber zu meiner Planung gehörte und deshalb durch mich unterbunden wurde. Es lässt sich somit feststellen, dass ich zu unflexibel auf die Aussagen und Vorschläge der SuS einging. Zur Beschriftung lässt sich außerdem sagen, dass ich zu sehr auf bestimmte Bezeichnungen beharrt habe. Zwar hat sich die Mathematik in dieser Hinsicht auf bestimmte Regeln geeinigt, jedoch sind diese nicht zwingend notwendig. So ist es beispielsweise nicht falsch, die Hypotenuse eines Dreiecks nicht als c zu benennen, sondern lediglich unüblich. Da die SuS der 8b diesen Körper jedoch noch nicht intensiv behandelt hatten, wäre es nicht schlimm gewesen und hätte den weiteren Unterrichtsverlauf nicht gestört, wenn das Dreieck anders als gewöhnlich beschriftet gewesen wäre. Mein Beharren auf diese gängige Beschriftung stellte sich als Störfaktor heraus, da somit der Gedankengang der SuS ständig unterbrochen und das Unterrichtsgeschehen unnötig verkompliziert wurden.

Allgemein kann ich noch hinzufügen, dass meine Fragen zu oft bestimmte Antworten erwarteten. Ich sollte also versuchen, wenn Fragen meinerseits gestellt werden, diese offener zu formulieren, so dass mehrere richtige Antworten möglich sind. Diese würden die SuS zu stärkerem Mitdenken anspornen und deren Spontaneität fördern. Fragen, zu denen es nur eine spezielle Antwort gibt, können SuS hingegen demotivieren, wenn sie eben diese erwartete Antwort nicht wissen.

Festzustellen waren aber auch viele positive Aktionen und Reaktionen meinerseits. Die Eselsbrücke des ACE-Getränkes konnten die SuS als Hilfe zur Beschriftung des Drachens nutzen (s. Verlaufsplan).

Weiter habe ich die SuS häufig gelobt und daher motiviert. Für ein erfolgreiches Arbeiten, sowohl einzeln als auch in der Gruppe, stellt sich dies als sinnvoll heraus. Die SuS entwickeln dadurch von sich aus den Wunsch, die Lösung für ein Problem herauszufinden. Außerdem stärkt es ihr Selbstwertgefühl. Sie entwickeln somit Spaß und Interesse am Unterrichtsgeschehen.

Wichtig ist es außerdem, die SuS aktiv am Unterricht teilhaben zu lassen. Fragen, die sie an mich stellten, gab ich deshalb häufig an die Klasse weiter. Somit wurden alle SuS zum Denken angeregt, da nicht nur der fragende Schüler und ich mich mit diesem Problem beschäftigten, sondern zudem auch die Mitschüler/innen.

Da es immer wieder vorkommt, dass sich lediglich ein kleiner Teil der SuS regelmäßig meldet, sprach ich dieses Problem während des Unterrichts kurz an und forderte andere SuS auf, sich ebenfalls zu melden. Außerdem nahm ich ab und zu SuS dran, ohne dass diese sich gemeldet hätten. Dies tat ich allerdings nur bei Fragen, bei denen der betroffene Schüler die Antwort mit Sicherheit wusste. Somit umging ich eine Bloßstellung des Schülers. Außerdem ist mir aufgrund der wenigen Besuche in der Klasse leider nicht bei jedem Schüler bekannt, welchem Leistungsstand dieser entspricht.

# 3 Kurzvorbereitung der Unterrichtsstunde

## 3.1 Sachanalyse

### Rechteck[14]

Das Rechteck ist eine „ebene, von vier Strecken eingeschlossene Figur"[15] und gehört zur Klasse der Vierecke. Die Punkte werden entgegen dem Uhrzeigersinn alphabetisch benannt, ebenso die Strecken.

Das Rechteck besitzt folgende Eigenschaften:

- Die gegenüberliegenden Seiten sind gleich lang.
- Die gegenüberliegenden Seiten sind parallel.
- Die beiden Diagonalen sind gleich lang und halbieren einander.
- Die Summe aller Winkel beträgt 360 Grad.

Die Formel zur Berechnung der Fläche lautet $A = a \cdot b$ .

Die Formel zur Berechnung des Umfangs lautet $U = a + b + a + b = 2a + 2b = 2(a + b)$ .

### Quadrat[16]

Das Quadrat stellt eine besondere Form des Rechtecks dar. Alle Eigenschaften des Rechtecks treffen ebenfalls auf das Quadrat zu.

Folgende Eigenschaften sind Voraussetzung für ein Quadrat:

- Alle vier Seiten sind gleich lang.
- Das Quadrat hat vier Symmetrieachsen.
- Die beiden Diagonalen sind gleich lang.

Die Formel zur Berechnung der Fläche lautet $A = a \cdot a = a^2$ .

Die Formel zur Berechnung des Umfangs lautet $U = a + a + a + a = 4a$ .

---

14 vgl. http://www.frustfrei-lernen.de/mathematik/rechteck.html
15 ebd.
16 vgl. http://www.frustfrei-lernen.de/mathematik/quadrat.html

## 3.2 Geplanter Unterrichtsverlauf

**Fach:** Mathematik
**Klasse:** 8b (13 Jungen, 14 Mädchen)
**Datum/Zeit:** 03.10.2009   09:45 – 10:30

**Thema der Unterrichtseinheit:** Geometrie – Flächen und Umfang in der zweidimensionalen Ebene
**Thema der Unterrichtsstunde:** Flächen und Umfang von Rechtecken und Quadraten

**Hauptintention der Stunde**
Die SuS sollen sowohl rechnerisch als auch durch Messen Flächen und Umfänge von Rechtecken und Quadraten bestimmen.

| | Kompetenzbereich | Kernkompetenz (zu sichernde und aufzubauende Kompetenzen) | Erwartungen Lerngelegenheiten (wird aufgebaut durch) |
|---|---|---|---|
| **Prozessbezogener Kompetenzbereich** | Model- lieren | • stellen zu Sachsituationen Fragen, die sich mit mathematischen Mitteln bearbeiten lassen | • formulieren Fragen zu unterschiedlichen Aspekten von Situationen |
| | Kommu- nizieren | • vollziehen mathematische Argumentationen anderer nach, bewerten sie und diskutieren sachgerecht | • übernehmen Rollen in der Gruppenarbeit zur effektiven Lösung mathematischer Probleme |
| **Inhaltsbezogener Kompetenzbereich** | Größen und Messen | • berechnen Größen | • berechnen Flächeninhalt und Umfang von Quadrat und Rechteck<br>• berechnen Flächeninhalt zusammengesetzter Figuren |
| | Zahlen und Operationen | • rechnen flüssig | • wenden die vier Grundrechenarten auf rationale Zahlen an |

## Verlaufsplan

| Zeit | Phasen | Lehrer-Schüler-Aktivitäten | Sozialformen/ Methoden | Medien | Didaktischer Kommentar |
|---|---|---|---|---|---|
| 09:45 | | Begrüßung, Vorstellung | | | |
| 09:47 | Wiederholung | Aus Rechtecken & Quadraten zusammengesetzte L-Form von SuS um 180° gedreht an die Tafel kleben lassen. SuS setzen sich anschließend wieder. | Partnerarbeit zweier ausgewählter SuS | • Tafel<br>• rote Pappe in Form von L<br>• Tesafilm | um SuS einzubeziehen |
| 09:50 | | Stiller Impuls durch abwarten. Erwartete S-Antwort: „Zusammengesetzte Form aus Rechtecken und Quadraten." Ggf. durch Einzeichnen von Hilfsstrich auf geom. Formen aufmerksam machen. | Klassenunterricht | • ggf. schwarzer fetter Stift | |
| 09:55 | | Nach Antwort „Quadrat" bzw. „Rechteck" die jeweiligen S nach vorn bitten und ihn Quadrat an die linke Tafelhälfte bzw. Rechteck an die rechte Hälfte, darunter jeweils $A=$ und $U=$ schreiben lassen. Abwarten, ob SuS sich melden. Bei passender Antwort von den bereits vorm stehenden SuS die Formeln für Fläche und Umfang anschreiben lassen. | | • Tafel & Kreide | |
| 10:00 | Einstieg | L: „Ich bin vor kurzem Umgezogen. Leider haben die Wände in meinem Zimmer viele Löcher, weil die Vormieter wohl Weltmeister im Bohren mit der Bohrmaschine werden wollten. Nun kommt noch hinzu, dass der Umzug so teuer war, dass ich nichts mehr kaufen kann, um die Löcher zuzumachen. Daher hatte ich die Idee, mein Zimmer mit Postern und Plakaten zu dekorieren.<br>Ihr sollt mir dabei Tipps geben, wie ich am besten herausfinde, wie viele Poster ich kaufen muss. Jedes Poster ist so groß wie vier DIN-A4-Blätter. (Vier DIN-A4-Blätter aufhängen.)<br>Eure Aufgabe wird es nun sein, herauszufinden, wie viele Poster auf die Wände hier im Klassenraum und auf den Flur passen.<br>Dazu werdet ihr gleich zufällig in Gruppen eingeteilt. Gruppe α beschäftigt sich mit dieser Wand, Gruppe β mit der, Gruppe … " (jeder Gruppe wird eine Wand zugeteilt und an die Tafel geschrieben). „Jede Gruppe kann sich hierfür einen Zollstock ho- | Lehrervortrag Partnerarbeit zweier ausgewählter SuS | • vier bunte, in Form eines DIN-A2-Blattes zusammengeklebte DIN-A4-Blätter<br>• Tafel & Kreide<br>• Gruppenkarten | DIN-A4-Blätter, da SuS diese in ihrem Heft haben und anhand dessen die Größe des Plakats errech- |

| Zeit | Phase | Unterrichtsgeschehen | Sozialform | Material | Anmerkungen |
|---|---|---|---|---|---|
| | | ...nen können. Wer hat hierzu noch Fragen?" (Fragen beantworten) Gruppen zufällig einteilen mithilfe von Kärtchen, welche von zwei SuS verteilt werden. Jede Gruppe misst je eine Wandfläche aus. „Ihr habt ab jetzt 15 Minuten Zeit. Findet euch jetzt bitte in euren Gruppen zusammen und beginnt mit eurer Aufgabe." | | | |
| 10:05 | Erarbeitung | SuS bearbeiten die Aufgabe | Gruppenarbeit | • Zollstöcke | |
| 10:15 | | L: „Ihr habt jetzt noch 5 Minuten Zeit." | | | |
| 10:20 | Ergebnissicherung | L: „Auch, wenn ihr jetzt noch nicht fertig sein solltet: setzt euch jetzt bitte wieder auf euren Platz." SuS begeben sich auf ihre Plätze. L: „Wer gehörte zur Gruppe $\gamma$?" Entsprechende SuS melden sich. L nimmt beliebigen S dran: „Zu welchem Ergebnis seid ihr gekommen?" S antwortet. L: „Wie seid ihr an die Aufgabe herangegangen?" S antwortet. L weist ggf. darauf hin, dass Fenster/Tafel/Tür o. ä. ebenfalls überklebt worden wäre und fragt, wie man das hätte vermeiden können. Beliebiger S antwortet. | Klassenunterricht | | Erste Anwendungen von Flächenaddition/-subtraktion |
| 10:28 | Schlussphase | L: „Hier vorne liegen noch für jeden ein Hausaufgabenblatt. Bevor ihr in die Pause geht, nehmt ihr euch bitte noch eins." Verabschiedung. | Lehrervortrag | • Hausaufgabenblätter | |

## 3.3 Tafelbild

| Quadrat $A = a^2$ $U = 4a$ | | Rechteck $A = a \cdot b$ $U = 2a + 2b$ |
|---|---|---|

## 3.4 Arbeitsblätter

keine

# 4 Reflexion

Im großen und ganzen kann ich meines Erachtens recht zufrieden sein mit der Unterrichtsstunde. Selbstverständlich gibt es dennoch Aspekte, die bemängelt werden müssen und verbesserungswürdig sind.

Zunächst einmal möchte ich jedoch bemerken, dass ich meine Planung fast unverändert im Unterricht umsetzen konnte. Besonders bei der zeitlichen Planung verlief alles nahezu exakt so, wie ich es mir vorgestellt hatte. Dies zeigt mir, dass ich nach und nach immer besser einschätzen kann, wie lange eine Unterrichtsphase die SuS in Anspruch nimmt.

Der meines Erachtens erste große Kritikpunkt jedoch ergab sich bei dem von mir an die SuS gestellten Arbeitsauftrag des Vermessens der Wände. Zunächst einmal wurde nicht allen SuS klar, was genau sie nun tun sollten. Hier hätte ich nach meiner eigenen Ansage diesen Auftrag möglicherweise von einem anderen Schüler wiederholen lassen sollen. Zum einen wäre dies eine Wiederholung des Arbeitsauftrages, so dass sich die Wahrscheinlich erhöht, dass alle SuS diesen mitbekommen. Zum anderen hätte dieser Schüler zum Erklären andere Worte benutzt. Dies hätte vermutlich zur Folge, dass diejenigen, die durch meine Ausdrucksweise eventuell verwirrt wurden, den Arbeitsauftrag besser verstanden hätten. Ein reibungsloseres Arbeiten in der Gruppe wäre somit möglich gewesen. Folglich musste ich zu einem späteren Unterrichtszeitpunkt den Arbeitsauftrag wiederholen, wozu zunächst alle SuS erneut versammelt werden mussten.

Der zweite große Kritikpunkt findet sich in der Phase der Ergebnissicherung wieder. Eine Schülerin, die ihre Gruppenergebnisse vorstellte, wurde relativ häufig von mir unterbrochen. Ich wollte damit bezwecken, dass sie Schritt für Schritt erklärt, wie ihre Gruppe den Auftrag bearbeitete. Sinnvoller wäre es aber wahrscheinlich gewesen, die Schülerin zunächst ausreden zu lassen und erst anschließend auf Ungenauigkeiten oder fehlende Erklärungsabschnitte hinzuweisen. Aufgrund dessen war die Ergebnissicherung nicht „flüssig" und zu sehr gelenkt durch meine Person. Glücklicherweise lies sich die Schülerin dadurch nicht demotivieren, sondern griff meinen Vorschlag auf. Sicherlich gibt es jedoch SuS, die sich dadurch in besonderem Maße gestört fühlen und im schlimmsten Fall eine Weiterführung ihrer Aussage verweigern. Ich sollte daher darauf achten, SuS nicht zu häufig zu unterbrechen, damit diese weiterhin motiviert bleiben, sich zum Unterricht zu äußern. Stattdessen könnten andere SuS im Anschluss ergänzende Kommentare abgeben.

Hinzu kam am Ende der Vorstellung der Gruppenergebnisse, dass ich unsicher war, wie ich die noch verbliebenen drei Minuten bis zum Stundenende füllen sollte. Der Versuch, den SuS ein Feedback zur Arbeitsweise in der Gruppenarbeit zu entnehmen, scheiterte leider. Stattdessen hätte ich wohl besser einen Schüler, welcher sich mit seiner Gruppe mit der Wand auf dem Flur auseinander gesetzt hat, ihren bisherigen Fortschritt erklären lassen können, um anschließend auf mögliche folgende Vorgehensweisen einzugehen.

Ein weiterer Kritikpunkt ist bei der Wiederholungsphase anzusprechen. Ich war zu sehr darauf fixiert, von den SuS den Begriff „Quadrat" und „Rechteck" als erhoffte Antwort zu erhalten, dass ich auf andere, ebenfalls richtige Antworten (wie z.B. „zwei Rechtecke" oder „ein Rechteck und ein Viereck") zu wenig einging. Durch bestimmte Fragen lenkte ich die SuS somit zu sehr auf das Stundenthema und ließ ihnen kaum die Möglichkeit, sich eigenständig durch gegenseitige Hilfe in das Thema einzufinden. Auch hier hätte ich die SuS öfter ihre eigenen Gedanken formulieren lassen sollen, ohne dabei stetig Fragen zu stellen.

Als Fazit dieser Unterrichtsstunde kann ich feststellen, dass wohl das größte Problem, an dem ich zu arbeiten habe, meine „Ungeduld" ist. Ungeduld jedoch in dem Sinne, als dass ich die SuS entweder zu häufig bei ihren Antworten unterbreche, oder sie durch bestimmte Fragen auf erhoffte Antworten lenke. In meinen folgenden Unterrichtsstunden sollte ich also versuchen, den SuS bei ihren Antworten mehr Zeit zu geben und erst am Ende auf diese eingehen.

# 5 Gesamtreflexion zum Fachpraktikum

Insgesamt kann ich rückblickend auf das Fachpraktikum einen positiven Schluss ziehen. Es hat mir Spaß gemacht, mich jedoch auch fachlich weitergebracht. Hierzu trugen in besonderem Maße die an jede Unterrichtsstunde anschließenden Reflexionen in der Gruppe bei. Hier wurde ich nicht nur gefördert, wenn eine meiner Unterrichtsstunden besprochen wurde, sondern auch bei Besprechungen der anderen Stunden. Allein das Zuschauen bei meinen Kommilitonen half mir, den Fokus auf besondere Merkmale zu richten, mir Gedanken über Verbesserungen in der Unterrichtsdurchführung zu machen oder einfach nur von einigen Szenen begeistern zu lassen, wenn meine Kommilitonen diese besonders erfolgreich und geschickt meisterten. Ich denke, schon durch solche Beobachtungen, welche durch die Reflexionen im Kollektiv letztlich vervollständigt werden, kann ich mein Lehrerverhalten schülergerechter gestalten.

Besonders trug hierzu die Unterrichtsstunde von unserer Mentorin bei. Es war sehr interessant, einer Stunde zuzuschauen, die von einer langjährigen Berufserfahrenen durchgeführt wurde. Dieses Erlebnis blieb mir im ASP (Allgemeines Schulpraktikum) leider verwehrt, da die Lehrperson dort lediglich ihren „Standardunterricht" durchführte, uns jedoch nicht eine „Vorführstunde" präsentierte.

In gewisser Weise hatten wir als Studenten auch Glück mit den SuS der Klasse. Meinen Empfindungen nach und der Aussage der Klassenlehrerin sind die SuS sehr engagiert und interessiert am Unterrichtsgeschehen und arbeiten in der Regel fleißig mit. Bedenken, dass dies lediglich beim Unterricht von Frau XXX so sein könnte, wurden revidiert.

Dennoch möchte ich sagen, dass es schade war, dass wir die SuS nicht wirklich kennen lernen konnten. Dazu hatten wir einfach zu wenig Zeit, insbesondere als lehrende Person vor der Klasse zu stehen. Hierfür eignete sich das ASP wesentlich besser, da wir als Studenten täglich mit den SuS zu tun hatten und häufiger unterrichteten.

Trotzdem hat mich, wie das ASP und SPS (Schulpraktische Studien), auch das Fachpraktikum in meiner Berufsentscheidung gestärkt. Dennoch hat diese Entscheidung einen leichten Rückschlag erlitten. Während ich dem Unterricht meiner Kommilitonen zuschaute, bekam ich das Gefühl, dass diese für den Lehramtsberuf besser geeignet seien als ich. Dies verunsicherte mich, doch ich hoffe, das meine Eindrücke entweder subjektiv aus meiner Sichtweise sind, oder – falls es tatsächlich so sein sollte – ich die Defizite im Laufe des Studiums abbauen werde.

# 6 Ausarbeitung Schwerpunktthema: Medieneinsatz im Mathematikunterricht

## 6.1 Theorie

Unter Medien im Unterricht versteht man eine Vielzahl von Hilfsmitteln, die gebraucht werden, um den SuS den Inhalt der Unterrichtsstunde effektiver vermitteln zu können. Man unterscheidet hierbei „konkrete Materialien (aus dem Alltag der Kinder bzw. eigens konzipierte Arbeitsmittel); Arbeitsmaterialien und Modelle verschiedenster Art für die Demonstrationen durch die Lehrerin oder für die SuS; Plakate, Bilder, Fotos, etc.; Experimentiergeräte; Hilfsmittel für den Arithmetikunterricht oder für Rechenübungen; Lernspiele; Folien und Tageslichtprojektor; Arbeitsblätter; Tafel, Schulbuch und Schülerheft.[17]

Die Auswahl der Medien erfolgt entweder „durch den spezifischen Sachverhalt, der in der Stunde behandelt werden soll, [...] oder durch das methodische Vorgehen der Lehrerin"[18]. Dabei ist es wichtig zu berücksichtigen, ob die gewählte Methode wirklich (in besonderem Maße) geeignet ist, oder ob sich Alternativen[19] finden lassen, mit denen sich der Inhalt erfolgreicher vermitteln lässt. Es sollte berücksichtigt werden, ob die Medien eine motivierende Wirkung erzielen, sinnvoll strukturiert und übersichtlich erstellt sind.[20] Außerdem sollten sie der jeweiligen Alters- und Entwicklungsstufe der SuS angemessen sein. Besonders kleine Materialien sollten beispielsweise nur bedingt bei Grundschülern verwendet werden, da deren Feinmotorik häufig noch nicht genügend entwickelt ist.[21]

Häufig findet ein und das selbe Medium verschiedene Verwendungszwecke. So kann zum Beispiel die Tafel von der Lehrerin als lernunterstützendes Medium, aber auch von den SuS für demonstrative Zwecke genutzt werden. Ähnlich verhält es sich mit dem Tageslichtprojektor, wobei hier wiederum die Vor- und Nachteile gegenüber der Tafel zu berücksichtigen sind.

Mittlerweile gibt es zusätzlich die „neuen Medien". Hierunter fällt insbesondere der Computer. Doch worin unterscheiden sich die „neuen" von den „alten" Medien? Zum einen sind neue Medien mehrdimensional, d.h., textuelle, akustische und visuelle Informationen können aufgenommen, bewahrt, wiedergegeben und verteilt werden.[22] Weiter heißt es, sie seien multifunktional, können also vielfältige Funktionen (fixierende, manipulierende, gestaltende, etc.) gleichzeitig erfüllen.[23] Dies sind nur einige wesentliche Gründe, warum man beim Computer von einem neuen Medium spricht. Die Nachteile, nämlich dass der Computer von den SuS auch für nicht-pädagogische Zwecke verwendet wird und diese somit das genaue Gegenteil des vom Lehrer angestrebten Ziels erreichen können, sollten allerdings nicht vernachlässigt werden.

---

17 vgl. Fraedrich (2001), S. 237
18 ebd.
19 vgl. ebd.
20 vgl. ebd., S. 238
21 vgl. ebd., S. 247
22 vgl. Krauthausen (1994), S. 49
23 vgl. ebd.

## 6.2 Praxis

Insbesondere für den Geometrieunterricht, welches den Schwerpunkt der Unterrichtseinheit während des Praktikums darstellte, eignet sich die Verwendung des Computers. Im Internet lassen sich beispielsweise zahlreiche Übungsaufgaben finden, die sich mit Flächen und Umfang geometrischer Körper (Thema der Unterrichtseinheit) befassen.[*] Des Weiteren lässt sich mit der dynamischen Mathematiksoftware „GeoGebra"[24] sehr anschaulich darstellen, wie sich Fläche und Umfang, Seiten, Diagonalen und vieles mehr verhalten, wenn bestimmte Variablen geändert oder zusätzliche Funktionen eingegeben werden. GeoGebra ist zudem hilfreich für die Lehrkraft, um exakte Darstellungen von Körpern zu präsentieren. Zeichnerisch mit Lineal, Zirkel und Bleistift wäre dies aufgrund von Ungenauigkeiten kaum erreichbar.

Leider war es uns nicht möglich, mit der Klasse den Computerraum zu nutzen. Grund hierfür war die zu geringe Anzahl von PCs. Die SuS hätten teilweise zu dritt einen Computer nutzen müssen. Da der Computer jedoch in unseren Augen als ein Medium gilt, welches allein (abgesehen von Computerspielen) zu nutzen am sinnvollsten und effektivsten ist, haben meine Kommilitonen und ich uns gegen den Computer als neues und stattdessen für alte Medien wie die Tafel, Arbeitsblätter etc. entschieden. Außerdem ist es in einer Einzelstunde meines Erachtens nach schwer, eine Unterrichtsstunde am Computer zu realisieren. Häufig vergessen einige SuS das zuvor angekündigte Treffen vor dem Computerraum und gehen wie gewohnt zum Klassenraum. Das Hochfahren und Öffnen der entsprechenden Programme sowie das anschließende Schließen/Herunterfahren bedarf ebenfalls einiger Zeit, die in der Unterrichtsplanung berücksichtigt werden muss.

Im folgenden möchte ich gegenüberstellen, wie ich bei meinen Unterrichtsstunden unter Verwendung herkömmlicher Medien vorgegangen bin, und wie man dieses Vorgehen mithilfe des Computers hätte alternativ anwenden können.

In meiner ersten Unterrichtsstunde (vgl. Kap. 3.2) fand eine Wiederholung des Rechtecks und Quadrats statt. Hierzu heftete ich zunächst ein aus orangener Pappe gedrehtes „L" an die Tafel, um von den SuS Antworten wie „Zusammengesetzte Form aus zwei Rechtecken" oder „ein Rechteck und ein Quadrat" zu erhalten. Anstatt dieses Einstieges wäre es ebenfalls mit dem Computer in einem Computerraum möglich gewesen, eine solche Form auf alle Bildschirme zu transferieren. Weitergehend hätte der Arbeitsauftrag lauten können: „Finde im Internet weitere zusammengesetzte Formen aus Rechtecken und Quadraten" oder auch „Schreibe die Formel für Umfang und Fläche auf. Falls du sie nicht mehr weißt, finde sie im Internet heraus." Durch Arbeitsaufträge solcher Art

---
\* Ein Beispiel findet sich unter http://www.allgemeinbildung.ch/fach=mat/Rechteck_02e.htm
24 http://www.geogebra.org/cms/

wäre jede/r SuS beschäftigt gewesen. Jedoch ist die schnelle Verbindung zum Internet für die SuS auch ein Anreiz, sich nicht selbst Gedanken zu machen, sondern birgt das Risiko, dass sie die Lösung sofort nachschauen.

Im zweiten Teil der Unterrichtsstunde sollten die SuS in Gruppen jeweils eine Wand des Klassenraums vermessen, um anschließend herauszubekommen, wie viele Poster in der Größe eine DIN-A2-Blattes angeheftet werden können. Alternativ hierzu hätte in Einzel- oder Kleingruppenarbeit der Grundriss eines Zimmers in entsprechender Form berechnet werden können. Hierbei wäre ich so vorgegangen, dass jeweils mindestens zwei SuS gleiche oder sehr ähnliche Aufgaben zugeteilt bekommen hätten, da diese dann nach der Erarbeitung hätten verglichen werden können. Ebenfalls möglich wäre gewesen, die SuS selbst passende Grundrisse erstellen oder solche im Internet suchen zu lassen, woraufhin sie diese hätten berechnen können. Nachteilig wäre hier allerdings der erheblich größere Zeitaufwand.

Die Präsentation der Ergebnisse hätte bei ausreichender Zeit mithilfe einer kleinen Powerpoint-Präsentation stattfinden können. Voraussetzung wäre allerdings, dass mindestens ein S. pro Gruppe, bei Einzelarbeit sogar jeder S., Erfahrungen in diesem Programm haben müsste. Vermutlich ist dies nicht der Fall. Daher hätten die SuS alternativ ihr Ergebnis präsentieren können, indem das entsprechende Computerbild auf die anderen Monitore transferiert wird. Hilfreich könnten hierbei von der Gruppe schon während der Erarbeitungsphase verfasste Hilfssätze und Nebenrechnungen sein, welche die anderen SuS beim Nachvollziehen des Gedankenweges unterstützen.

In meiner zweiten Unterrichtsstunde (vgl. Kap. 1.5) beschäftigten sich die SuS mit dem Drachen. Sie sollten eigenständig die Flächenformel erarbeiten, indem sie den Drachen zum einen in vier rechtwinklige Dreiecke, zum anderen in zwei Rechtecke zerlegen. Zur Bearbeitung erhielten die SuS ein Blatt, auf dem der Drachen gezeichnet war (s. Kap. 1.7). Zeichnungen auf Blättern haben die Eigenschaft, dass sie nur unter Aufwand (radieren, durchstreichen etc.) geändert werden können. Daher hätte man hier vorteilhaft GeoGebra nutzen können. Die vier Dreiecke, aus denen der Drachen besteht, hätten beispielsweise beliebig verschoben, gedreht und gespiegelt werden können, so dass für die SuS erkennbar wird, dass sich durch sinnvolles Zerlegen die Flächenformel ergibt. Da GeoGebra die Fläche des Drachens, der vier Dreiecke und des Rechtecks automatisch berechnet, läge der Schwerpunkt der Unterrichtsstunde nicht darauf, sondern lediglich auf der Herleitung einer Formel. Sollte dem Lehrer jedoch auch die Berechnung als wichtig für sein Unterrichtsziel erscheinen, kann er diese Funktion den SuS verschweigen, so dass sie selbst die Fläche berechnen müssen.

Die Präsentation der Ergebnisse könnte folgender Maßen ablaufen. Die Gruppen mit einer jeweils anderen Aufgabe könnten der Ergebnispräsentation auf ihren eigenen Bildschirmen folgen (ähnlich wie oben beschrieben), und hätten eine veranschaulichte Darstellung, wie sich die Flächenformel durch Zerteilung und Zusammensetzung ergibt und auf welch unterschiedlichen Wegen die Berechnung außerdem erfolgen kann. Dadurch wird es vermutlich vielen SuS verständlicher, wieso sich die Formel für die Fläche ähnlich zu der eines Rechtecks verhält.

Die dritte Unterrichtsstunde (12.01.2010) ist in diesem Praktikumsbericht nicht verzeichnet. Schwerpunkt war die Wiederholung der Flächenformeln von Rechteck, Quadrat, Drachen, Parallelogramm, Raute und Trapez. In eine Deutschlandkarte sollten diese Formen gezeichnet und anschließend berechnet werden. Auf diese Weise sollten die SuS daraufhin zur Fläche Deutschlands gelangen. Besonders dazu würden sich diverse Computerprogramme und Internetseiten eignen. In die Deutschlandkarte könnten nicht mit Geodreieck und Bleistift passende Formen eingezeichnet werden um den Flächeninhalt anschließend auszurechnen, wie es in der ursprünglichen Unterrichtsplanung der Fall war, sondern mithilfe von GeoGebra. Dies ginge vermutlich schneller, da bestimmte Funktionen des Programms die Zeichnung solcher Formen vereinfachen. Da der Schwerpunkt auf der Flächenberechnung der Formen liegt, sollte die Funktion, wie diese automatisch durch GeoGebra angezeigt werden, den SuS nicht bekannt sein oder zumindest soweit Vertrauen herrschen, dass diese die Anwendung tatsächlich nicht nutzen.

Im Großen und Ganzen wird also der Eindruck erweckt, die Nutzung von Computern unterstütze die Lernentwicklung der SuS. Dennoch ergeben sich durch die Verwendung solcher Software nicht nur in der Geometrie neue Probleme.

Eine bekannte Schülerfrage beim Arbeiten mit dem Computer lautet: „Wozu brauchen wir das noch, wenn es der Computer doch viel besser kann?"[25] Hier ist es der Auftrag an die Lehrkraft, den SuS eine überzeugende Antwort zu liefern.

Des Weiteren sollte sich die Lehrperson als Experte in ihrem Fach ausweisen können. Doch tut sie dies, wenn sie nicht einmal darüber Bescheid weiß, wie Geometriesoftware arbeitet? Auch Lehrer/innen wenden diese nur an, ohne zu wissen, dass in den Programmen im Hintergrund mit komplexen Zahlen gearbeitet und teilweise auf stochastischer (wenn auch mit sehr geringer Fehlerwahrscheinlichkeit) bewiesen wird.[26] Wie lässt sich hierbei die Korrektheit der Computerantwort überprüfen?[27] Außerdem ist laut Schneebeli die Nutzung von kostenloser bzw. günstiger Software in der Schule in der Regel nur für die ebene Geometrie angebracht. Programme für räumliche Geometrie,

---

25 Schneebeli, H.R. (2003), S. 126
26 vgl. ebd., S. 127
27 vgl. ebd., S. 126

die überzeugende Ergebnisse liefern, wären für die Schulen in ihrer Anschaffung viel zu teuer.[28] Auch der zeitliche Aspekt spielt eine nachteilige Rolle, die es zu berücksichtigen gilt. Hierunter fällt zum größten Teil die Einführung in das Programm, da es den meisten SuS nicht bekannt sein dürfte. Die Anwendung des Programms für das Stundenthema oder die Unterrichtseinheit ist in 45 bzw. 90 Minuten nicht zu schaffen. Wird jedoch regelmäßig dieses Programm genutzt, könnte die anfängliche Verzögerung des eigentlichen Themas durch die Einführung in GeoGebra mit der Zeit aufgeholt, möglicherweise sogar vorteilhaft genutzt werden, sodass vermutlich ein effektiverer Lernfortschritt zu verzeichnen wäre, als dies mit herkömmlichen Medien der Fall gewesen wäre. Das heißt aber, dass im Geometrieunterricht beispielsweise die Verwendung von Lineal und Zirkel nicht wie im gewohnten Maß genutzt werden kann, sondern stattdessen der Fokus auf die Erstellung geometrischer Figuren mithilfe des Computers gelegt wird. Dennoch sollten die Sus nicht den Umgang mit herkömmlichen geometrischen Hilfsmittel verlernen. Ein zweigleisiges Arbeiten ist somit notwendig.[29]

Computer ist im Unterricht also weiterhin als kritisches Medium zu betrachten und seine Nutzung nicht als selbstverständlich hinzunehmen. Vorteile und Nachteile sollten für jede Unterrichtseinheit gegeneinander abgewogen werden, um den SuS tatsächlich ein effektiveres Lernen ermöglichen zu können. Auch sollte der Lehrer sich bewusst machen, welche Rolle der Computer in seinem Unterricht hat. In Mathematik stellt er als „Textverarbeitung oder zur Informationsrecherche"[30] eine wohl eher untergeordnete Rolle. Dennoch sollte man sich darüber klar sein, dass ein kompletter Verzicht auf Computer in der Schule nicht sinnvoll wäre, da sich dieses Medium auch als zukunftsweisend durch seine hohe Aktualität ausweist.[31]

Aber auch bei der Nutzung von Computern sollten die SuS „die Freiheit bekommen, eigene Lösungsideen zu entwickeln und systematische Verfahrensweisen zum Umgang mit Problemen erlernen."[32] Im Zentrum stehen also die SuS, da auch ein noch so guter Lehrervortrag einen geringeren Lerneffekt erzielt als das eigene Handeln.[33] Letztlich ist also auch der Computer, ebenso wie herkömmliche Medien, lediglich „ein Mittel, durch dessen Gebrauch Lernvorgänge *angeregt, gefördert* [...] oder *kontrolliert* werden (sollen)"[34].

---

28 vgl. ebd., S. 127
29 vgl. http://www.dirk-toennies.de
30 http://www.gefilde.de
31 vgl. ebd.
32 http://www.dirk-toennies.de
33 vgl. ebd.
34 http://www.gefilde.de

# 7 Literaturverzeichnis

## 7.1 Buch

Athen, H./Bruhn, J. (Hrsg.): *Lexikon der Schulmathematik. Band 1 – A bis E*. Köln: Aulis Verlag Deubner & Co KG, 1980.

Becker, F.-M.: *Formeln und Tabellen für die Sekundarstufen I und II*. 9., überarb, Aufl. Berlin: Paetec, 2001.

Fraedrich, Anna Maria (2001): *Planung von Mathematikunterricht in der Grundschule. Aus der Praxis für die Praxis*. Berlin.

Gellert, W. u.a. (Hrsg.): *Kleine Enzyklopädie. Mathematik*. Frankfurt am Main: Verlag Harri Deutsch, 1972.

Krauthausen, Günter (1994): *Arithmetische Fähigkeiten von Schulanfängern. Eine Computersimulation als Forschungsinstrument und als Baustein eines Softwarekonzeptes für die Grundschule*. Wiesbaden.

## 7.2 Zeitschriftenartikel

Schneebeli, H. R.: *Computer im Mathematikunterricht: Neue Wege zu alten Zielen*. In Zentralblatt für Didaktik der Mathematik Nr. 35, Jg. 3 (2003), S. 126 – 128.

## 7.3 Quellen aus dem Internet

Dennis Rudolph: *Quadrat ( Flächeninhalt + Umfang )*. http://www.frustfrei-lernen.de/mathematik/quadrat.html – Aktualisierungsdatum: 29.03.2010

Dennis Rudolph: *Rechteck ( Flächeninhalt + Umfang )*. http://www.frustfrei-lernen.de/mathematik/rechteck.html – Aktualisierungsdatum: 29.03.2010

Dirk Tönnis (Hrsg.): *DGS Einsatz*. http://www.dirk-toennies.de/Texte/DGS_Einsatz/3_vor_nachteile.htm – Aktualisierungsdatum: 27.03.2010

Hilfswerk der Deutschen Lions e.V.: *Was ist Lions-Quest „Erwachsen werden"?*. http://www.lions-quest.de/lions-quest-im-ueberblick/was-ist-lions-quest.html – Aktualisierungsdatum: 26.11.2009

Kultusministerium Niedersachsen (Hrsg.): *Kerncurriculum für die Realschule Schuljahrgänge 5 – 10. Mathematik*. Hannover: Unidruck, 2006 [Format: PDF, Zeit: 26.11.2009, Adresse: http://db2.nibis.de/1db/cuvo/datei/kc_rs_mathe_nib.pdf]

Ohne Autor. *GeoGebra*. http://www.geogebra.org/cms/ – Aktualisierungsdatum: 21.02.2010

Ohne Autor. *Rechteck : 02e*. http://www.allgemeinbildung.ch/fach=mat/Rechteck_02e.htm – Aktualisierungsdatum: 21.02.2010

Schreiber, Prof. Dr. A.: *Computer im Mathematikunterricht*. http://www.gefilde.de/ashome/vorlesungen/gzmadi/computer_im_mathematikunterricht/computer_im_mathematikunterricht.html – Aktualisierungsdatum: 27.03.2010